不逊色的进化

进化

你好！
我的超能力

日本企鹅飞机制作所/著

郭　昱/译

邢立达/审

电子工业出版社

Publishing House of Electronics Industry

北京·BEIJING

一天，在企鹅飞机制作所内，小春正在做游戏。这时，外出的企小弟手上拿着什么，蹦蹦跳跳地回到房间。

"小春！听我说，听我说！"

 "见过水黾 (mǐn) 吗？"

 "水黾？没有见过，怎么了？"

 "水黾先生特别厉害！他能使用在水面上漫步的魔法！我们成了好朋友，现在就让他表演给你看！"

企小弟将手掌打开，水黾先生出现了。

"你好，小春！"

 "你好，水黾先生，你真的会魔法吗？"

"嗯！不过这对我们水黾来说不算什么。想见识一下吗？"

 "哇！想看，快让我们看看！"

企小弟和小春专注地注视着水面，水黾先生给他俩演示了在水面上轻盈阔步的样子。

"好厉害!"

 "嗯，真的很厉害，居然会有这种魔法!"

 "在南极没见过这样的魔法呢!"

 "自从来到企鹅飞机制作所，我们见到了许多动物，这么说来，其实大家都会各种各样的魔法。"

"咦，这是真的吗?"

 "例如，狗能发现土里埋着的东西，并把它们挖出来。"

 "真的呢！这是透视魔法吧？"

 "还有，萤火虫的身体能一闪一闪地发光。"

 "确实，这是发光魔法吧？大家都好厉害啊！"

 "小春，我们帝企鹅是不是什么魔法都不会啊？"

 "是啊。"

想到这一点，企小弟和小春显得有些落寞。

 "为什么我们看起来没有什么优点，而且作为鸟类连飞都不会……"

两只小企鹅变得默不作声。这时，制作所的博士回来了。

"哎呀! 你们两个怎么了? 好像没什么精神啊! "

 "那个……今天, 我们见到了水黾先生, 他给我们表演了在水上漫步的魔法, 真的非常厉害。别的动物也会各种魔法, 但是, 企小弟和我什么魔法都不会, 真的好羡慕他们……"

 "原来是这样啊! " 博士用和蔼的目光看着他俩。"那要不要乘坐企鹅飞机, 去向全世界的动物们学习一下他们各自拥有的魔法? "

"学习魔法？"

 "是的。去和各种各样的动物见面，听听他们的故事，肯定会有所发现的。"

 "应该会非常有趣！企小弟，我们一起去吧！"

 "好啊，出发！"

就这样，企小弟和小春踏上了寻找全世界会魔法的动物的奇妙旅途……

 目 录

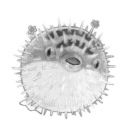

狗狗

透视的魔法

"狗先生，因为你的眼睛优秀到能找到被人藏起来的各种东西，所以才可以去帮助警察吧？"

"嗯，被藏起来的炸弹都能找到。"

"那你也教教我透视魔法吧，企小弟想找到博士藏小点心的地方。"

"说是魔法……实际上，是因为我们的鼻子很灵敏。"

> 要是我有个敏锐的大鼻子，是不是也可以从事很厉害的工作？

敲敲

狗能感觉到气味颗粒（粒子）的区域（嗅觉膜）很大，而且嗅觉细胞的数量是人类的 20 ~ 40 倍。传递气味的神经和对此做出反应的大脑也很发达。狗可以分为擅长闻地面气味和擅长闻空气中浮游气味粒子两种类型。巴哥犬和斗牛犬等短头品种和其他鼻腔长的狗相比，嗅觉相对差一些。

资料

分布地点	**全世界**
体　　长	**20 厘米 ~2 米**
食　　物	**肉类、鱼类、蔬菜、块茎、豆腐、狗粮等。但是，葱、葡萄、甲壳动物、风干鱿鱼、坚果等狗是不能吃的。**
分　　类	**哺乳类**

"啊？难道不是透视魔法吗？"

"我的鼻子感知气味的区域非常大，**是人类的 40~50 倍**。所以鼻子吸入空气后，可以'读取'气味分子里的各种信息。"

"好厉害！"

"**我们可以在机场和港口担任警犬**，也可以在自然灾害现场**作为救助犬帮助寻找被掩埋的人**。"

"真的好英勇！"

我已经知道里面是什么了！

猫咪
消声的魔法

"我想像猫一样，走动时没有脚步声。在人们都没有注意的时候，就能把冰箱里的东西拿出来。"

"企小弟走路时会发出啪嗒啪嗒的脚步声，任谁都能在很远的地方发现。能不能让我看看你的脚底板？"

为了能在冰面上好好地行走，以企小弟的身体好像没办法轻盈地迈步啊！

猫咪安静地行走是为了能捕获猎物，这是为了能在不被发现的情况下接近猎物，因此它的脚底板有肉球。肉球是由脂肪和弹性纤维构成的。猫的皮肤很薄，但是肉球很厚。小猫脚底板的肉球很柔软，但是随着年龄的增长会变硬。另外，比起家猫，由于野猫生活在严酷的环境中，因此其肉球会更硬。

资料

分布地点	南极大陆之外的全世界
体　　长	长约 75 厘米，其中尾长约 40 厘米（小体形的除外，最大品种的缅因猫从鼻尖到尾端约 1 米长）
食　　物	老鼠、鸟类和猫粮等
分　　类	哺乳类

第一次发现
没有声音的脚步吧？

"给你看看！看吧！"

"哇！企小弟的脚掌软绵绵的，和我有肉球的脚掌很像。我就是**因为有作为脚垫的魔法肉球，所以才减轻了脚步声**。"

"如果我也有脚垫，是不是也能减轻脚步声呢？"

"和走路方式也有一定关系，我的走姿优雅而轻盈。企小弟，试着把身体重心下沉，然后迈大步走走看吧。"

"让我来试试吧！"

试试

勃！

穿上能够消声的袜子

闪闪发光的魔法

 "企小弟和小春也想尝试像萤火虫一样发光！萤火虫先生，请问你的身体是通了电吗？"

"没有哦，我并不是通过电发光的。**我身体里产生的发光物质和酶，与体内被称为 ATP 的物质接触就会一闪一闪地发光。**而我能控制这个过程。"

企小弟也想要闪闪发光的身体，给大家留下深刻印象！

有一点点兴奋！

全世界有大约 2 000 种萤火虫。萤火虫的屁股附近有发光器，里面有名为荧光素的发光物质和帮助发光的荧光素酶，这两种物质和体内的 ATP 接触发生反应就会发光。因为发出的光不热，所以人们称之为"冷光"。

资　料	
分布地点	日本（本州、四国、九州）
体　长	12~18 毫米
食　物	川蜷
分　类	昆虫类

（※ 源氏萤火虫的数据）

"那什么时候会发光呢？"

"想和美丽的萤火虫女士约会的时候，受到惊吓的时候等。"

"发光很受欢迎。企小弟也想浑身闪闪发光，这样就能把博士吓一跳，哈哈！为了能让企小弟和小春发光，我们需要混合什么东西呢？"

"首先需要发光物质（荧光素）和酶（荧光素酶），然后只需要加入ATP混合即可。在人类世界中，有的地方会售卖这3种物质。"

"嘿嘿！那我们就试试看吧！"

企小弟的尾巴也会发光吗？

蝴蝶

大变身的魔法

"蝴蝶虽然小时候是毛毛虫的样子，但经过在蛹里闭关，待出关之时就会变成美丽的蝴蝶。蝴蝶的变身实在太棒了！"

"是的，我们会在蛹里努力，准备华丽大变身！"

"教教我这个魔法吧。企小弟要是一直蜷在被窝里，是不是最后也可以飞起来？"

"你想得太简单啦！**变身要先把自己的身体溶解，只有重要的细胞和特别的肌肉才会被好好地保留下来。**之后，再慢慢长出翅膀和触角。"

变成蛹的时候，毛毛虫会释放酶，溶解身体大部分细胞组织。但是，神经和特殊的肌肉会被"再利用"。那么，羽毛和触角等蝴蝶的新部位是怎么形成的呢？原来毛毛虫的身体从卵内孵化到成形之前，是从成虫的原基细胞开始生长的。原基细胞会成为蝴蝶形成的基础，溶解身体的液体能促进新的细胞分裂。

资料

分布地点	**全世界（南极大陆、大沙漠的中心地带、海拔 6000 米以上的万年冰川高山带除外）**
体　　长	**1.2~31 厘米（翼展 / 最小种白缘褐小灰蝶 ~ 最大种亚历山大女皇鸟翼凤蝶）**
食　　物	**花蜜、花蕾、植物叶、树液、果汁、昆虫类的蜜汁等**
分　　类	**昆虫类**

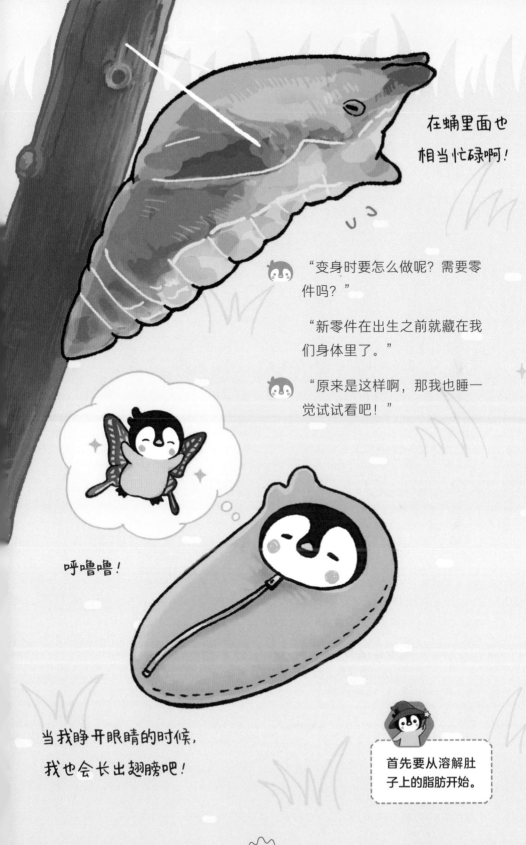

在蛹里面也相当忙碌啊！

"变身时要怎么做呢？需要零件吗？"

"新零件在出生之前就藏在我们身体里了。"

"原来是这样啊，那我也睡一觉试试看吧！"

呼噜噜！

当我睁开眼睛的时候，我也会长出翅膀吧！

首先要从溶解肚子上的脂肪开始。

25

蜥蜴

尾巴再生的魔法

"蜥蜴先生的尾巴会自行断开？"

"是的，我们尾巴的骨头里原本就有'切线'。**当尾巴受到刺激时，肌肉就会不由自主地收缩，尾巴就会自行断开。**"

> 企小弟的尾巴里没有"切线"，所以我得加倍注意。

蜥蜴尾巴的骨头上排列着带有割痕的脱离节。肌肉像拔河一样前后拉伸，就可以将脱离节分开了。刚断了的尾巴因为神经和细胞还活着，所以还会持续活动 10 分钟左右。再生后的尾巴中心不是坚硬的骨头，而是柔软的软骨。尾巴再生需要 25 天到 1 年左右的时间。

资料

分布地点	南极大陆以外的所有大陆
体　　长	最大的萨氏巨蜥的最长纪录有 4.75 米，最小的迷你变色龙的最长纪录仅有 29 毫米
食　　物	蔬菜、野草、昆虫（蟋蟀、蜚蠊、拟步甲、果蝇等）
分　　类	爬行类

叮！

企小弟的睡醒呆毛也有"再生能力"吗？

"好厉害！尾巴以后会再长出来吧？"

"会的，不过会比原先的尾巴小，而且外形也不太一样。新的尾巴内部是软骨，尾巴变得很柔软。完全长出一条新尾巴需要好几个月，在这期间生存就比较艰难了。因为切断的部位很容易受到细菌感染而生病。所以，我们尽可能不使用这个魔法。"

"这样啊！虽然拥有魔法，但是使用了后会产生严重的后果。"

"是的，断尾就是我们在遇到危险的紧要关头时的护身符。"

虽然严重，但因为有再生能力，所以还能再长出来。

沙沙！

电鳗噼里啪啦
放电的魔法

"电鳗先生是怎么做到噼里啪啦地放电的?"

"我**身体 90% 的器官是用来发电的**,器官上面排列着约 6 000 个特殊细胞,所以能产生很多电哦。"

"产生的电压是多少呢?"

"600~800 伏特,人类家用插座的电压是 220 伏特。"

自己要是能发电,如果在黑暗的地方感到害怕就能给自己提供照明了。

在电鳗体内的发电器官中,有约 6 000 个特别的细胞(发电细胞),像电池串联一样排列成"电力板",也可以像电池一样储存电力。在察觉到危险的时候,让发电细胞一起放电,使之产生强电流。因此电鳗被称为"强电鱼",素有"水中高压线"之称。

资 料	
分布地点	**南美洲的河流中**
体　　长	**2~2.5 米**
食　　物	**鱼类、两栖类、鸟类、小型哺乳类**
分　　类	**鱼类**

"好厉害！你们会在什么时候放电呢？"

被敌人惊扰的时候，以及捕捉猎物的时候。 通过释放出强电流让对方受到电击，从而使得对方的行动变得迟缓。"

"释放如此强烈的电流，自己不会因此触电吗？"

"我们的内脏集中在产生电力器官以外的身体部位，而且还覆盖着不容易触电的组织，所以没有影响。还有，看起来像是我下巴的部位其实是肛门，这是为了不被麻痹而进化出来的。"

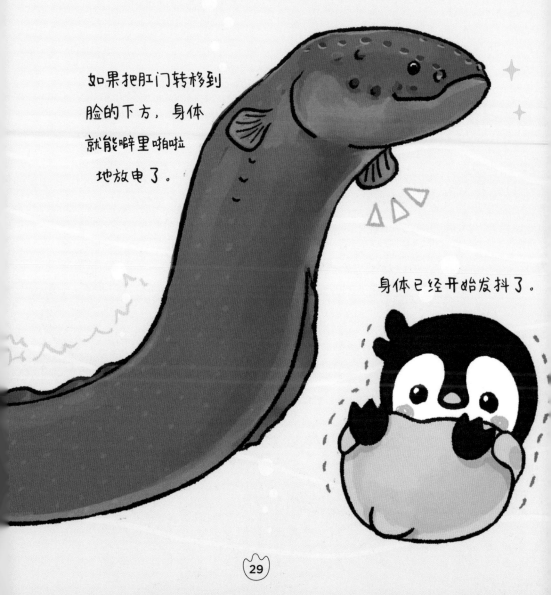

如果把肛门转移到
脸的下方，身体
就能噼里啪啦
地放电了。

身体已经开始发抖了。

变色龙

消失的魔法

"变色龙先生，请教教我'消失'的魔法。"

"我并没有消失哦，只是将体色和周围环境融为一体了。"

"是这样吗？即便这样也不错啊。因为这样就可以随便搞恶作剧啦，哈哈！不过请问这是怎么做到的呢？"

变色龙的皮肤具有色素细胞（颜色颗粒）。由于色素细胞聚集、分离、位置的变化，其皮肤的颜色也会不同。另外，由于身体状况、气温的变化、怀孕等原因，它的皮肤颜色也会突然发生变化。雄性之间互相争夺雌性的时候，有着"变得更明亮才是胜利"的现象，输了的雄性颜色则会变暗。死亡后，变色龙的身体都会变成灰色。

如果穿着有色素粒子的衣服，企小弟也能用魔法了吧？

你们俩颜色一样啊。

"在我的皮肤里，有许多白色、红色、黄色和黑色等色素粒子。**我可以感知周围环境的颜色排布，据此再改变自己的色素粒子**，最后就能改变皮肤上的色块大小和组合。这就是我改变外表颜色的方法。"

"那么，我们没有色素粒子就不能隐身了吧？"

"是的。**因为可以通过变色来隐身，所以不容易被敌人袭击。**利用这种方法还可以向同伴传递信号，对于我们来说，是非常方便的。"

"原来变色龙还能通过颜色进行交流呀！"

为什么呢？

就算和小春贴在一起，
颜色也没改变啊。

资　料	
分布地点	非洲、马达加斯加岛、印度、西班牙、阿拉伯半岛等
体　　长	15~25 厘米，最长达 60 厘米
食　　物	昆虫类、蜘蛛类、小型蛙类等
分　　类	爬行类

蚊子
让人瘙痒的魔法

 "蚊子先生，请教教我让人瘙痒的魔法，这样我就可以对小春做恶作剧了，嘿嘿！"

"我们蚊子**为了获得产卵必需的营养，才不得不去吸血**。为了繁衍后代，我们是抱着必死的决心啊！"

 "啊，原来是这样啊，很抱歉！不过，企小弟对这种让人瘙痒的魔法还是有点好奇。"

嘿嘿，企小弟也要开始扎了哦。

目前已确认世界上有近3 600种蚊子。主要分为两种类型，分别是"盯住目标后再长距离移动"型（比如淡色库蚊等）和"埋伏后再扎"型（比如伊蚊等）。容易被蚊子盯上的是高体温、出汗的人，喝酒后呼出的二氧化碳量比较多的人，以及穿着黑色衣服的人。

资料

分布地点	东亚温带地区，日本的北海道、本州、四国、九州
体　　长	5.5毫米
食　　物	树汁、花蜜、血液（雌）
分　　类	昆虫类

（※ 淡色库蚊的数据）

"那我就教你如何让人瘙痒吧。蚊子在吸血的同时会分泌唾液，当唾液进入人体之后，唾液中的成分会让人感到心悸和瘙痒。要不要把我的唾液分给你，你试着混合我的唾液扎一下对方？"

"只对人类有效果吗？"

"我还扎过狗和牛。不过，其他动物会不会痒就不知道了。"

"对小春也有效吗？"

"要不我先试试扎一下企小弟？"

"啊！！"

为了子孙积累营养。

企小弟喝牛奶也会长大的吧？

小蝌蚪
改变身体的魔法

 "蝌蚪小朋友是如何变身的呢？"

"我们先长出手脚，然后尾巴逐渐消失，最后从用鳃呼吸转变为用肺呼吸。"

 "企小弟也想尝试一下这样的大变身。"

变身后，必须记住很多新的东西呢。

小宝宝们，还有其他不明白的吗？

点心最多吃3块。

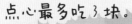

紧急刹车很危险。

资料	
分 布 地 点	除南北极之外的全世界水塘里
体　　　长	1厘米以下~25厘米（最小的蛙类猪笼草姬蛙 ~ 蝌蚪最大的奇异多指节蟾）
食　　　物	藻类、沉淀在水底的苔藓、浮游生物、小鱼的尸体等
分　　　类	两栖类

"不过，这不太容易哦，需要把**全身都重新改造一遍**。"

"是通过自己的力气改变的吗？"

"不是的，到了某个阶段，身体里的**激素**好像在催促着身体'去改变'。就像到了某个阶段以后，身体就会觉得有尾巴的样子不是我自己了，总想让尾巴消失，然后尾巴似乎明白了我的想法，自己消失了。"

"尾……尾巴消失……"

当蝌蚪变成青蛙时，不仅仅是尾巴消失和产生四肢，大脑、神经系统、消化系统、呼吸系统等，几乎所有的器官要么是新的，要么退化了。变态发育根据甲状腺激素和大脑分泌的催乳素来进行调整。尾巴消失是因为它被身体识别为异物，接着被身体分泌的物质所溶解。

宽纹黑脉绡蝶
透明化的魔法

"变得透明就不会被注意到了，然后就能随便偷吃好吃的了。"

"哈哈！就是因为不被注意，才让敌人很难发现我。不过我的翅膀并不是完全透明的，而是有黑色的镶边。当**我翩翩飞舞时，在阳光的照射下，会呈现不同的颜色，和周围的景色融为一体**。"

"真好。企小弟好像无法学会这个魔法。"

如果把毛拔了还没有变透明的话，该怎么办啊？

变得透明后，宽纹黑脉绡蝶会从敌人的视野中"消失"。因为翅膀上没有鳞粉，所以宽纹黑脉绡蝶看起来呈透明或半透明的状态。宽纹黑脉绡蝶也被称为"玻璃翼蝴蝶"，美丽而引人注目。它看起来很纤细，其实很强壮，能搬运大约自身体重 40 倍的东西，而且幼虫的阶段其体内的毒素，就能让鸟类吃下它后呕吐。

资料	
分布地点	**中美洲（墨西哥、巴拿马、哥伦比亚、哥斯达黎加等）至美国**
体　　长	**成虫平均体长 2.8~3.3 厘米** **翅展 5.6~6.1 厘米**
食　　物	**花蜜**
分　　类	**昆虫类**

"用很多镜子遮住全身怎么样？这样就可以掩盖自己身体真正的颜色。实际上，我就被戏称为'小镜子'。或者试着把身上的羽毛拔掉。"

"没有羽毛的话，会给企鹅带来很多麻烦。"

"会有麻烦吗？我为了能变透明，连所有蝴蝶翅膀上都有的鳞粉也放弃了。虽然会担心翅膀没有鳞粉而不能防水，但意外发现影响其实并不大。"

企小弟把全部
的羽毛都拔掉
吧，如何？

拔光的话
会很冷的。

全裸透明的企小弟

兔子不会陷入雪地的魔法

 "小兔子，等等！为什么你能在雪地上奔跑却不会陷进去呢？"

"我的**脚程其实很快，最高可达 80 千米 / 时**。狮子和老虎的速度也只有 60 千米 / 时，陆地上的短跑选手尤塞恩·博尔特参加 100 米短跑竞赛时的奔跑速度也只有 37.6 千米 / 时。"

 "跑得快就不会陷下去吗？"

兔子与其说是跑，不如说是蹦蹦跳跳的。

企鹅在雪地上行走好困难啊！

"不仅要跑得快，而且还要跳跃。四条腿交替动作，同时**用后腿蹬，就像弹簧一样跳跃**。"

 "你还能在雪地里跳跃呢？"

"雪兔跳跃奔跑速度可达 60 千米 / 时以上。北极兔为了不在雪地里陷进去，四肢都进化得很长，并且四肢的肌肉也很紧实。"

 "企小弟也想变得肌肉紧实！"

轻飘飘的根源是
结实的肌肉。

野生兔子不仅下半身肌肉发达，而且爆发力和耐力也很优秀（和宠物兔的体能完全不同）。因为栖息在容易被敌人发现的草原等地方，为了能及时从敌人手中逃脱，不得不发展出快速跳跃奔跑的能力。绝大多数种类的兔子脚上都没有肉垫，这也是为了能快速奔跑。

资 料

分布地点   **南极洲和一些离岛以外全世界的陆地上**

体　　长   **26~76 厘米**

食　　物   **野草、牧草和树皮等（在饲养环境下，食用干草、蔬菜、**
                 胡萝卜，以及人工调配的饵料等）

分　　类   **哺乳类**

刺鲀的
刺刺魔法

“刺鲀先生会变成全身都是刺的模样吧？”

“我的身体会在1秒内膨胀成球形，全身的刺会竖起来。因此，敌人相对少了一些。但要是被大鱼一口吞下去的话，就没办法了。”

“请教教我这个魔法吧！”

“企小弟的肚子也是圆鼓鼓的，要是有刺的话，也许就能使用这个魔法了。”

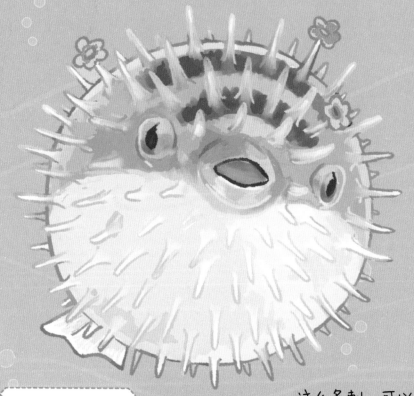

变身花小弟！

这么多刺，可以很好地保护自己。

"太好了，我需要准备多少根刺呢？"

"大约要 400 根？"

"咦，你身上的刺原来有这么多啊？"

"忘了和你说啊，**我的刺其实是鳞片**！"

"原来是这样啊！企小弟也要像刺鲀先生那样与众不同。我给自己插上 400 朵鲜花如何？"

要试试插 1 000 朵花吗？　　　　　试试看吧！

刺鲀的刺有 400 根左右。通常情况下，刺是收起来的，但是被敌人袭击的时候，刺鲀会从口中吸入空气和水，像球一样膨胀，把全身的刺立刻竖立起来，用刺保护自己。刺鲀和有毒的河鲀都属于鲀形目鱼类，但是刺鲀没有毒。

资料	
分布地点	**世界各地的温暖海域**
体　长	**体长一般 20~40 厘米** **最长可达 60 厘米**
食　物	**甲壳类（虾、螃蟹）、贝类** **和鱼类**
分　类	**鱼类**

麝鹿
展现魅力的魔法

 "麝鹿先生，听说你特别有魅力，企小弟也想变得像你一样有魅力。"

"企小弟，你明白魅力意味着什么吗？"

 "是很受欢迎的意思吗？"

"是的，特别是对异性来说。"

 "如何才能变得有魅力呢？"

企小弟带来了好多甜瓜！

食物的气味也可以算某种魅力吧？

雄麝在生殖器和肚脐之间生有麝香腺，其分泌物干燥之后就是"麝香"。自古以来，人类就把麝香作为药材和香料来使用，因此，造成了人们对麝鹿的持续捕杀。现在，一些国际条约限制了相关交易，取而代之的是化学合成的麝香。

资料	
分布地点	中亚、中国、朝鲜半岛、西伯利亚
体　　长	85 厘米
食　　物	树叶、花、草、苔藓、地衣等
分　　类	哺乳类

"秘密就在气味里面。我可以散发出有魅力的气味，所以其他离得近的雌性麝鹿闻到味道就会过来。人类把我的这种散发气味的分泌物做成了麝香，然后生产极其受欢迎的香水。"

"原来是那个气味啊。"

"你靠近闻一闻。气味不会'噗'地一下喷发出来，所以你需要到我的肚子这边来。"

"哇，还能这样感受吗？"

"今天让企小弟特别尝试一下，或许一整天都可以靠这个气味保持魅力哦！"

"嘿嘿嘿，我来了！"

散发着甜甜的麝香气味。

真好闻。

马
快速奔跑的魔法

🐧 "马先生，怎样才能快速且持久地奔跑呢？"

"很简单啊。**灵活地运用 4 条腿，并且我们会两种奔跑的方法。**在刚开始起跑的 10 秒内，先弓着背把速度提上来，然后切换成稳定且不易疲劳的奔跑速度。这样，以 70 千米 / 时的速度奔跑 5 千米都不会感到累了。"

🐧 "企小弟也模仿一下试试！"

秘诀就是用 4 条腿、把腿延长、增大心脏，等等。

马在奔跑时，肢蹄有明显的节律性，按照速度的快慢可以分为：慢步、快步、跑步和袭步。

资料	
分布地点	南北极以外的世界各地（包含家马）
体　长	2~3 米
食　物	干草、竹叶、碎稻梗、蒲公英花、苹果、方糖、大豆等
分　类	哺乳类

"如果不用 4 条腿，可能比较难以办到。啊，那你试试把腿延长呢？步幅变大了，也可以进行长距离的快速奔跑。"

"好的，企小弟用高跷试试。"

"另外，心脏也是关键，**我们马的心脏重约 5 千克，是人类心脏重量的 20 倍**。所以，当奔跑结束时，快速跳动的心脏很快就能平复。"

"那么，心脏怎么才能变大呢？"

"呃……这是一个很好的问题！"

用两条腿是追不上我的哦！

等等我！

拉方块形大便的魔法

"袋熊先生的大便为什么看上去像骰子，难道你的肛门也是方形的吗？"

"不，我的肛门是圆形的。"

"那这是为什么呢？企小弟也想拉出特别的方块形大便。"

"我想是因为袋熊的肠道很特别吧。**食物被吃进肚子，直到形成大便并被排出，需要 14~18 天**。在这期间，大便会在肚子里越来越紧实地聚在一起，最后变成了类似骰子的形状。"

想象一下方块形的大便！

嗯，用力！

噗！

"听起来特别耗费时间呢。"

"另外，袋熊的肠道有 30 米长，肠道中不同位置的大便形态是不一样的，**像骰子一样的大便只在肠道最后几米的位置形成。**"

"那你的食物是什么呢？"

"我主要以草为食，所以大便非常干燥，里面含有大量植物纤维，这也是大便维持方块形的原因。"

如果在干燥的地区一直以草为食，也许就能拉出方块形的大便了。

视力不好的袋熊为了标记地盘，会把粪便堆积起来，因此，骰子形的大便比较方便。不过，其方块形大便是如何在肠道内成形的，人们尚不是很清楚。有报告说在人工饲养下充分补充水分的袋熊，其粪便并没有那么规整。所以也有人认为，栖息地的干燥环境是形成方块形粪便的重要因素。

资 料	
分布地点	**澳大利亚的塔斯马尼亚岛**
体　长	**70~120 厘米**
食　物	**草、树根、树皮、蘑菇等**
分　类	**哺乳类**

松鼠
搬运美食的魔法

"松鼠先生，我感觉你手上总是拿着好吃的，真好！"

"如果窝里没有足够的食物我就会感到不安。所以，每天都会外出寻找食物，然后带回窝里储存起来，到了秋季，我就会更加忙碌啦。

快……快塞不下了。

（还能再坚持一下）

太好了！终于有企小弟也能使用的魔法了。

松鼠把昆虫和树木的果实等食物塞进颊囊里，再运到巢里储存。有的松鼠的颊囊扩展以后可能会变成和身体差不多大小。颊囊内部附有细小的褶子，使得食物不容易溢出。但是，在遇到敌人的时候，松鼠为方便逃走会迅速扔掉颊囊里的食物，从而轻快地逃走。此外，鸭嘴兽、考拉、猴子也有颊囊。

因为天气变冷了就要冬眠，这时必须储存比平时多几倍的食物。"

"所以，无论何时松鼠先生手里总是拿着食物。"

"不只是用手，我还会塞到嘴巴的口袋里。"

"嘴巴里还有口袋，快让我看看！"

"我的嘴巴里**有个被称为颊囊的口袋，那里不会分泌唾液，所以可以一直保持干燥**，藏在这里的食物不会被口水弄湿。我左右两个颊囊里可以各放 3 个橡子。"

真有你的！

"哇，好厉害！"

"企小弟长大之后，也可以在胃里储存很多鱼吧。"

"我长大之后，也会有这样的魔法吗？"

资料	
分布地点	除南极以外的各大洲
体　　长	1 米（含尾巴）
食　　物	果实、花、叶、根、种子、树皮、树汁等
分　　类	哺乳类

49

飞鱼
在空中飞的魔法

"我想飞上天空，但企小弟是企鹅，不会飞。"

"飞鱼也不是想飞就能飞起来的，只有当我快要被大鱼吃掉时，为了逃命才会飞起来。"

"那真是不容易啊，不过还是想请飞鱼先生教教我飞起来的方法。"

这次能飞多远呢？

挑战新纪录！

我以前都不知道飞鱼先生那么拼命地减肥啊！

50

"首先需要减肥，我把**自身的体脂率降到了1%**。此外，我的食物只有浮游动物。因为要是吃鱼的话，体重就会增加。另外，我没有胃，消化道也因此变短了。"

"你会飞的翅膀也藏着秘密吧？"

"翅膀很重要，特别是形状。**我的胸鳍和腹鳍的面积很大**，看起来像滑翔机的翅膀一样。翅膀受到空气的托举，就能在空中停留更长的时间，这就是我能飞起来的秘密。"

"企小弟也装上翅膀试试。"

"还要记得减肥哦。"

企小弟也要

挑战一下！

对于小春来说

还是太早了。

跳！

飞鱼用像翅膀一样大的胸鳍和小的腹鳍滑翔飞行。另外，尾鳍划水帮助起飞，当快要落水时尾巴会拍打水面。从浪的顶端飞起来也是要点，只要稍微从高处飞起来，就很容易"乘坐"上升气流。用电子显微镜看的话，会发现飞鱼骨头的孔隙很多。这样轻的身体，可以长距离飞行。

资料	
分布地点	**全世界的温暖海域**
体　　长	**35~50 厘米**
食　　物	**磷虾等浮游动物**
分　　类	**鱼类**

鲸
喷水的魔法

"鲸先生，教教我喷水的魔法吧！"

"为什么想学这个呢，小春？"

"因为这样就可以随时造出彩虹了啊！"

"咦？那不就是在玩水吗？"

"只有企小弟才想着玩水。"

没事吧，企小弟？

噗！

我要溺水了。

企小弟也在喷水哦!

呜呼呼!

52

"好了好了，这个魔法其实谁都可以做到。**潜入海里时屏住呼吸，游到海面上以后，用鼻子呼气就可以。**"

 "啊？不是把在海里游泳时喝进去的水吐出来吗？"

"那你肯定误会了。鲸是哺乳动物，用肺呼吸，我们在海里的时候是屏住呼吸的。因为体形很大，所以当我呼气时，呼出的空气总量非常大。"

 "鲸比企鹅大了成千上万倍，所以呼出的空气也会多成千上万倍呢。"

"所以就会把鼻孔周边的海水一块喷上去，看起来就像水柱一样。"

 "原来如此。"

企小弟呼气没办法造出彩虹。

鲸把积在肺里的空气从鼻子向外呼出的行为叫作"喷气"，这就是所谓的"鲸喷水"。鲸为了能在海面上更便捷地呼吸，鼻孔长在头顶上。因此，只要稍微从海面探出头部就能呼吸。潜水深度 3 200 米的抹香鲸，只要呼吸一次就可以游一个小时以上。

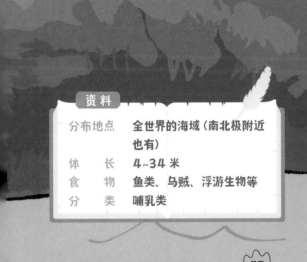

资料	
分布地点	**全世界的海域（南北极附近也有）**
体　　长	**4~34 米**
食　　物	**鱼类、乌贼、浮游生物等**
分　　类	**哺乳类**

海象用神奇的胡须寻找猎物的魔法

"海象先生，在黑暗的海底你是如何寻找猎物的？一定使用了某种魔法吧？"

"实际上，我靠的是胡须。我的胡须就像人类的手一样，触觉很敏锐。"

"原来是这样啊！"

不过海象的胡须相比于人类的手指要多得多，总共有 400 多根。

资料	
分布地点	北冰洋、阿拉斯加、西伯利亚、格陵兰岛海域
体　长	2.9~4.5 米
食　物	虾和螃蟹等甲壳类、章鱼等软体动物、沙蚕等底栖生物、鱼类、贝类
分　类	哺乳类

你的胡须太多了……

企小弟长胡子的话，也可以用来找食物哦。

"哇，好厉害！"

"而且每一根胡须都很细。"

"但是，你的胡子看起来很硬啊。我可以摸摸吗？"

"没问题。"

"看起来像生的意大利面，还有点弯呢。"

"啊，不要拔！胡须被拔了的话,细菌会从毛孔侵入身体导致我们生病的。"

"对不起，我知道错了。"

"胡须对我们来说很重要。**利用胡须，我们能一次找到 3 000~6 000 个贝类并吃掉，胡须还能帮助我们从贝壳缝隙里把贝肉吸出来。**"

"真是方便、实用的胡须啊！"

海象的胡须直径1.5~2毫米，根部流动着血液，可以让海象像使用高性能探测器一样使用胡须。不只是在海底寻找食物，当海象想摸什么东西的时候也会用胡子确认。也有一些实验发现，海象的胡须可以感知到 6 毫米大小的物体。

呃，这样不能吃东西啊。

灯塔水母
永生的魔法

"企小弟之前梦见自己死了，好可怕。"

"好可怜啊，让我教你'永生'的魔法吧。"

"还有这样的魔法吗？"

"嗯，我们灯塔水母可以'返老还童'。"

"你们是怎么做到的？！"

"首先，要把自己的身体还原成黏糊糊的一堆，第二天让身体呈一

随着年龄的增长或受重伤时，感到外部压力的水母就会"返老还童"。首先，身体的明胶质部分退化，变成肉团子状。然后用几丁质（和甲壳类的壳等相同）的膜覆盖身体，还原成水螅虫（幼年时代的身体）。不久，水螅虫就像植物一样发芽，在那里长出几只成年模样的灯塔水母！这个"返老还童"和分身增加的特性依旧还有许多未解之谜。

资料	
分布地点	全世界温带和热带海域
体　长	4~5毫米
食　物	甲壳类刚孵化的幼体、卤虫（类似小虾）
分　类	刺胞动物

企小弟也许可以做到长生不老哦。

个团块状，第三天再长出触角，就像从脑袋下伸出像根一样的东西，最后变成像植物一样的外形，这就是'返老还童'的过程。此时我们被称为水螅虫，从这里开始就很重要了。如果还原成水螅虫状态，就可以像植物一样发芽，生出的芽就会长成好几只成年水母。这就是我们'永生'的魔法。"

"我应该从哪一步做起呢……"

不长大就不能返老还童。

'长大成年企鹅吧。

企小弟先尝试变回到小宝宝吧。

叉齿鱚
吃到饱的魔法

"企小弟想获得大胃王比赛冠军！叉齿鱚（xǐ）先生能够吃下比自己身体大得多的食物吧？请教教我这个魔法！"

"叉齿鱚可以吃下自身体重 12 倍的食物。我们一次的饭量相当于一个人一次吃下 8 500 个热狗。"

"真厉害！企小弟也想一次就吃下 8 500 个点心，请问你是怎么做到的呢？"

"你可以试着经常练习撑开自己的胃袋和皮肤。不过我也有同伴因为吃的食物实在太多了，结果把肚子给撑爆了，然后死掉了。所以，企小弟要小心练习啊。"

帝企鹅能在肚子里储存 5 千克食物。

叉齿鱚也被称为"黑色吞噬者"。众所周知，它可以吃下比自己的身体大得多的食物。人们曾发现身长仅 19 厘米的叉齿鱚尸体内装有 86 厘米的鲭鱼。叉齿鱚能大吃特吃的秘密在于大嘴、能伸缩自如的胃袋和皮肤。胃袋和皮肤伸展后会变得透明。叉齿鱚可以把胃扩大到接近头部的位置，让肚子充分鼓起来。

资料

分布地点	全世界的热带及温带海域
体　　长	15~30 厘米
食　　物	鱼类、乌贼及任何感觉能吞下去的东西
分　　类	鱼类

"我现在感觉肚子已经在隐隐作痛……"

"这些食物会消化很多天，在这期间，食物有时会在胃里腐烂。"

"那有些太可惜了吧！"

外行的胃可办不到啊。

企小弟肚子变大

的话也能做到！

鸳鸯的时尚魔法

"为什么雄性鸳鸯比雌性更漂亮呢？"

"小春长大之后就会明白了。**在鸟类中，因为雄性会被雌性挑选，为了吸引雌性的注意，雄性要么让自己变得华丽，要么做出一些特别有趣的行为。**"

给企小弟也打扮得漂亮点。

帝企鹅也能使用魔法。太好了！

夏季，也就是非繁殖期，雄性鸳鸯的羽毛是很朴素的。秋天过后，雄性的冬羽变得非常鲜艳，还长有被称为"银杏羽"的大羽毛，浮夸的造型给人很大的视觉冲击。虽然雄性此时很漂亮且容易受到关注，但雌鸟的羽毛依然很朴素。

资料	
分布地点	东亚（朝鲜半岛、日本、中国等）、西北欧洲
体　长	41~48 厘米
食　物	水生植物、果实、种子、昆虫、贝类、鱼类、海胆
分　类	鱼类

"原来如此！变美丽的魔法实在太棒了。请问鸳鸯先生是如何做到的呢？"

"**每年秋天是鸳鸯的繁殖期，雄性鸳鸯会换上一身鲜艳而美丽的冬羽**。但是，当繁殖期结束的时候，也就是夏天，雄性鸳鸯又会换回一身朴素的"外套"。除了喙的颜色还是红色，其他的与雌性鸳鸯的区别不大。"

"这真的是魔法啊！"

"不过，小春你知道吗？帝企鹅成年后，在繁殖季脖子上的黄色羽毛也会变深。"

"原来我也可以拥有这种魔法啊！"

亲爱的，你好时髦啊！

是吧？我的小甜心。

水黾的
"水上轻功"魔法

"水黾（mǐn）先生，你是如何做到'水上漂'的？教教我这种魔法吧！"

"把这称为魔法太夸张了！**首先你可以试着伸出足尖，足尖会接触到水面的薄膜（水的表面张力形成的），这样就不会滑倒。然后，将身体分泌的油脂渗透到足尖的细毛上，这样就可以产生疏水性。**"

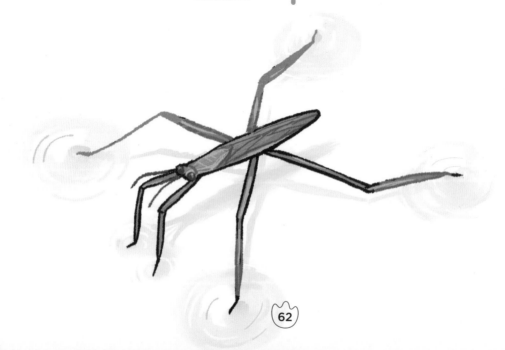

资　料	
分布地点	日本、中国及亚热带和热带区域
体　长	11~16 毫米
食　物	蝴蝶和蜻蜓等昆虫的体液
分　类	昆虫类

"嗯嗯，用足尖和有油脂的细毛，就能漂在水面了吗？"

"啊！忘了最重要的一点，还需要很轻的身体，10只水黾的体重加起来也比一枚硬币的重量还要轻。"

"水黾先生，你太厉害了！"

"再告诉你一个秘密。水黾可以通过脚来感知，无论是掉落在水面的食物、敌人还是树叶，我们都能感受到。而且，水黾还可以用脚来触发水波和同伴交流。"

轻手轻脚，黄油脚

咚！

脚上要涂油啊……
不知道冰箱里的黄油行不行。

水的表面张力会让水面就像贴着薄膜一样，起到支撑物体的作用。水黾的身体很轻，所以可以在水面上"漫步"。另外，它足尖的细毛上有油脂，可以疏水。因此，水黾可以在水面上自由活动甚至跳跃。

蜘蛛可以
悬空的魔法

"蜘蛛小姐，你是一直悬浮在空中的吗？"

"没有悬空哦，我会从肚子的末端吐出很多透明的丝，然后在丝上行走。"

"丝？我怎么没有看到啊，那么细的丝不会断吗？"

"不会的哦，蛛丝比人类制造的同样粗细的钢丝要强韧 5 倍。"

"你是如何做到的呢？"

在蜘蛛腹部内保存着有特殊蛋白（蛛丝蛋白）的液体，液体在腹部的丝管里一边移动一边变化。最终被蜘蛛从丝管中吐出的一瞬间就会干燥，变成一条可以拉网的纤维状的丝。丝的强度是同样粗细的钢铁的 5 倍，伸缩率是尼龙的 2 倍。

资料

分布地点	南北极以外的全世界
体　　长	0.5 毫米 ~9 厘米
食　　物	鸟类、昆虫、软体动物、蜘蛛一类的节肢动物、青蛙一类的两栖动物、老鼠一类的小型脊椎动物
分　　类	节肢动物

"在蜘蛛肚子内有一个囊袋，里面有能变成丝的液体，从囊袋向外延伸出一根细细的丝管。当液体从丝管向外挤出时，瞬间就会干燥而变成丝。"

 "就像从吸管里出来的果汁那样？"

"是的，不过黏糊糊的液体从丝管里吐出的瞬间就变成了丝。丝会随风飘，碰到树枝就会紧紧粘住。我会在这根丝的基础上再生出新的丝，如此往复多次。最后蛛网就算大功告成了。"

还以为是悬空呢，原来是踩着线啊！

蜘蛛小姐的丝真结实。

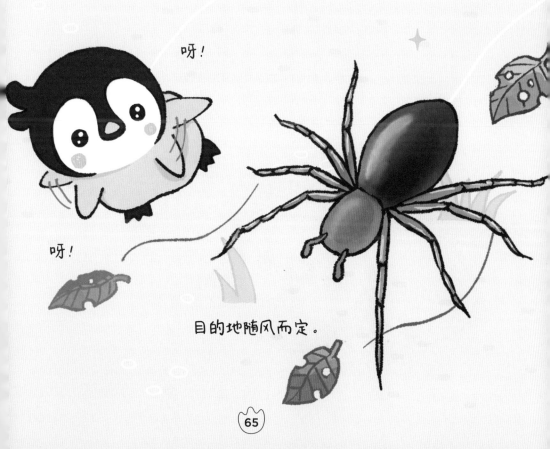

呀！

呀！

目的地随风而定。

睡鼠
倒过来跑的魔法

🐧 "嗨，睡鼠先生，听闻你总是倒着跑？"

"我们在移动的时候，身体位于树枝的下方，就像是倒吊着行进。从树上下来的时候，也是头朝下的。"

🐧 "学会了这种魔法，我就可以在不引人注意的状态下逃走了，请您教教我！"

资料	
分布地点	非洲、欧洲和亚洲
体　　长	6.8~8.4 厘米(尾长约 5 厘米)
食　　物	种子、果实、花蜜、花粉、昆虫
分　　类	哺乳类

晃了，晃了

式着用爪
子抓住？

"首先试着改变爪子的形状。因为睡鼠的爪子前端是弯曲的，所以能很好地挂在树上。还有，手脚的位置与用 4 只脚走路的动物不同，我的手脚紧贴在身体的旁边，很容易在树上悬挂。"

"那么，如果我把爪子好好磨炼一下的话，手上拿着像钩子一样的东西，也可以模仿这种移动方式吧？"

"还有一件重要的事情，睡鼠的身体也很轻，这也许是倒着行动的第一要素。"

"我以后会减肥的！"

光是倒吊着就已经很勉强了，还要跑就更难了！

从有古菱齿象的时候开始，一直在日本生活的日本睡鼠就被称为"活化石"。虽然身体很小，但是其行动范围很广。它可以一边倒挂着一边移动的秘密，就是它轻巧的身体，这让它们可以倒着在细细的树枝上快速移动。另外，睡鼠的背部还有一条黑色粗线，这是它的保护色。从下方看，它就像树枝的一部分。

章鱼的 "隐身" 魔法

🐧 "章鱼先生，听说你可以吐出黑糊糊的东西，然后很好地把自己隐藏起来。可以告诉我那个魔法吗？"

"当然可以，这很简单，你也试试吐出一堆墨水。"

🐧 "我可以用颜料代替漆黑的墨水吗？"

"好啊。用颜料或墨汁做成有颜色的水是轻飘飘的，**在海水里会像烟雾一样散开，趁着敌人看不见，我就可以很快逃走，这就是章鱼的'障眼法'。我们会把墨藏在肝脏里。**"

🐧 "我好像也可以做到。"

章鱼有墨袋，在那里它把墨与吸入体内的海水混合，再从烟囱状的器官"漏斗"中吐出来。章鱼的墨汁黏性小，吐出来后像烟雾一样扩散到海里。墨汁可以挡住敌人的视野，方便自己很好地逃脱。但是，生活在深海中的章鱼，墨袋逐渐退化。因为在漆黑的地方吐墨，无法起到遮挡敌人眼睛的作用。

资 料

分布地点	**全世界的海里**
体　　长	**约 40~60 厘米（长度的 3/4 是腕足），最大 9.1 米（最大的北太平洋巨型章鱼的数据）**
食　　物	**甲壳类和双壳类**
分　　类	**软体动物**

在浴室里练习吐墨水，被小春教育了！

像墨水
一样的东西，

其实有
大作用呢。

章鱼吐出的墨和乌贼的墨经常被人类拿来比较。乌贼的墨汁黏糊糊的，墨汁被吐到海里以后就会变成和乌贼差不多的团块浮在水里，敌人会把这个团块误以为是乌贼。也就是说，乌贼使用墨汁的魔法是"分身术"。所以，章鱼和乌贼吐出的是完全不同的墨。

刺参可以 "融化" 身体的魔法

"刺参先生，听说你会使用特别厉害的魔法——把肠子吐出来，再把皮肤融化成黏糊糊的样子，身体可以像年糕一样柔软？"

"当被敌人袭击时和受到惊吓时，我们的身体会'融化'。"

太热的话也会融化……

企小弟身体变得软趴趴的。

一起慢慢地再生吧。

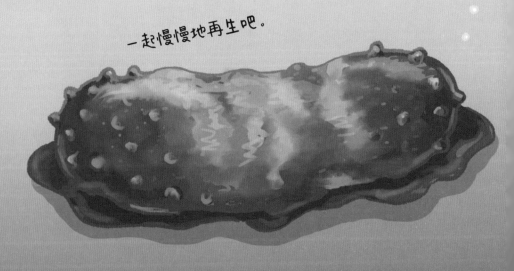

"那你还能恢复吗？"

"在海水里一动不动的话，两三个星期就会恢复原状。"

"企小弟也想学习这个魔法！"

"首先让自己的身体结构简单化。刺参的身体里没有大脑、神经、心脏、血液等，只保留了非常小的骨片和连接组织。"

"等一下，没有大脑？那要怎么思考呢？"

"没有大脑是很有利的，当身体'融化'的时候就不会感到痛了。"

"但是，如果没有大脑的话，连'好吃'这样的感觉是不是也没有？"

"是的。"

"那企小弟还是放弃吧，我不能没有美食！"

刺参有很多骨片（小骨头），作为连接组织。通过削弱这个连接组织，可以使身体在短时间内软化。所谓"连接组织"，对人来说就是软骨和肌肉的骨胶原部分。

如果去了炎热的地方，企小弟也会融化吧？

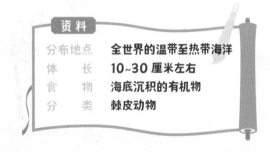

资料	
分布地点	**全世界的温带至热带海洋**
体　长	**10~30 厘米左右**
食　物	**海底沉积的有机物**
分　类	**棘皮动物**

双冠蜥在 水上快速奔跑的魔法

 "双冠蜥先生，你是如何做到在水上快速奔跑的？"

"有各种各样的原因哦。"

 "让我猜一猜，一定是多亏了那条尾巴。企小弟也想给自己加上尾巴。"

感觉只要贴上脚蹼，我也可以在水上奔跑了。

资料

分布地点	墨西哥至中美洲
体　　长	60~80 厘米
食　　物	果实、昆虫、节肢动物、小型爬行动物、鸟类、哺乳动物
分　　类	爬行类

是呃！哎呀！

双冠蜥用带蹼的后腿将水向下压，利用由此产生的向上的力量在水上奔跑（缓慢行走就会下沉）。奔跑速度约2米/秒！不过，双冠蜥只有在逃避敌人的时候才会奔跑，而且它也很擅长潜水，属于水陆两栖蜥蜴。

"不完全正确。**双冠蜥的尾巴对于在水上保持身体平衡的确会起到很大的作用，但并不是关键原因。还因为我后腿的肌肉很结实，所以能用很强的力量踩踏水面。后腿的脚趾又长又大，而且脚趾之间还长着像蹼一样的东西**。所以，我才能在水上快速奔跑。"

"企小弟锻炼一下后腿，然后在脚上贴上蹼也可以做到吗？太好了！"

"等一下，最重要的是要让身体减重。和自身体长相比，我的体重其实很轻。"

"怎么又要减肥啊……"

向前迈出一步的
勇气很重要！

褶胸鱼

"消失"的魔法

"褶胸鱼先生……咦，你怎么不见了？"

"嘿嘿，我有时候会'消失'哦。"

"你也会使用'消失'魔法？快教教我吧。"

"褶胸鱼的皮肤下有一种闪闪发亮的物质，即使在微弱的光线下也能反射光，这样就会像镜子一样将周围的景色反射出来，身体看起来就像变透明了。还有，褶胸鱼身体下面有很多发光的小灯，可以消除影子。"

鳞片、镜子，再把灯点亮，感觉很显眼啊……

褶胸鱼一片一片的银色鳞片从不同角度反射光线，帮助褶胸鱼融入环境。在褶胸鱼身体下方排列着很多发出淡淡蓝白光芒的"发光器"。将"发光器"和周围的亮度调到相同，可以消除从下方看到它时产生的影子。

资料

分布地点	**太平洋、印度洋等温带至热带海域**
体　长	**5~10 厘米**
食　物	**甲壳类、浮游动物**
分　类	**鱼类**

"企小弟想模仿褶胸鱼先生，先把镜子贴在身上，再在身体下面加上一些小灯，这样就能让自己'消失'啦。"

"在这之前，先让身体变得更薄一些如何？我身体的厚度连1厘米都不到。所以，无论是从前方还是从后方看，都像消失了一样。"

"但是企小弟的肚子圆鼓鼓的……"

超人气！
消失的脸

褶胸鱼是
没有脸的。

仔细看，那是褶胸鱼先生的本体吧。

我也觉得是这个。

沙丁鱼不会
互相碰撞的魔法

"沙丁鱼群到底有多少条鱼？"

"几千条到几万条，最多的时候可以有几亿条。"

"这么多啊！大家不会撞到一块吗？"

"当然需要耳听六路、眼观八方了。不过，**我们身上有一条线，也是我们不会互相碰撞的秘诀。这条线不是普通的花纹，而是非常灵敏的传感器，能感知海水的震动，谁来了都知道。**"

原来沙丁鱼身上的线是传感器呀！

沙丁鱼由于其防御的脆弱性，会形成很大的鱼群，减少被吃的风险。沙丁鱼的身体上有一条从头到尾的线（侧线），具有感觉功能，并且可以维持平衡。利用这条线，沙丁鱼可以感知水压、水流、水温的变化，以及周围伙伴们的存在。

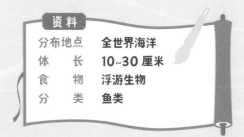

资料	
分布地点	**全世界海洋**
体　　长	**10~30 厘米**
食　　物	**浮游生物**
分　　类	**鱼类**

"那么，企小弟也贴上同样的传感器，是不是也不会互相碰撞了？"

"说不定可以哦。企小弟的皮肤看起来很坚韧，真好。而我们的身体很敏感，鱼鳞很脆弱，因此特别容易受伤。被人类从水里钓上来以后，鱼鳞就会哗啦啦掉落，我们马上就会死掉。"

"看来避免冲突很有必要！"

鲨鱼
寻找食物的魔法

🐼 "鲨鱼先生可以在广袤的海里搜寻食物，请问是使用了什么魔法吗？"

"我们利用各种条件，比如水温的变化和光线等。虽然会用眼睛来看，不过最重要的是靠嗅觉。"

🐼 "靠嗅觉吗？在广袤的海里感知气味，那是多么灵敏的鼻子啊！"

"鲨鱼的鼻子结构很复杂，即使在 50 米远的地方滴入 1 滴血，鲨鱼也能闻出来。"

想变成夏洛克·企小弟！

在鲨鱼的鼻孔里，有能感觉到气味的嗅觉细胞，被嗅觉细胞捕捉到的信息会传达到鲨鱼的大脑。鲨鱼的嗅觉区构造很复杂，会对血液的气味，也就是对氨基酸的气味有明显的反应。例如，柠檬鲨能在十亿分之一的浓度下感知甘氨酸等氨基酸，是人类对氨基酸敏感度的 100 万倍以上。

资料	
分布地点	**全世界的海洋（微咸水、淡水域也有）**
体　　长	**15 厘米 ~20 米**
食　　物	**鱼类、贝类、甲壳类、哺乳类、海龟等海生爬行类、海鸟和浮游动物**
分　　类	**鱼类**

鲨鱼·福尔摩斯先生，你是怎么知道的？

这只是初级程度哦，企小弟。

"好厉害，你简直就是海洋侦探。"

"气味实际上是小小的粒子，会在广袤的海里到处流动，为了捕获这种粒子，我们会反复在海里上下沉浮，这样就能快速感知到气味。"

"企小弟如果也能在海里灵敏感知气味的话，是不是也能变得像侦探一样？"

"嗯，肯定也会的。"

蝙蝠在黑暗中飞行捕获食物的秘密

"蝙蝠先生在漆黑的地方也能捕获食物呢。"

"嗯，再黑的环境我也能行动自如。"

"那快教教我吧，我也想在黑漆漆的厨房里吃东西而不被察觉。"

"首先，**要仔细地听声音，移动的猎物都会发出嘎吱嘎吱的声音。**"

"知道了，竖起耳朵仔细听黑漆漆的厨房中放在冰箱里的布丁的声音，不过要想偷吃到还是很困难啊……"

禁止偷吃零食

咚！

哇！

如果多练习的话，不管怎么闭上眼睛都能走路了吧。

没有超声波
我也知道了。

"然后还要发出超声波。当超声波遇到物体的时候，就会被反弹回来，我就能知道物体在哪里、大概是什么样子的了。"

 "虽然企小弟不能发出超声波，但是可以发出声音，再接收反弹回来的声音。为了冰箱里的布丁，我要这样试着练习看看。"

蝙蝠通过发出超声波，接收其回声来确定猎物的位置进行狩猎，这被称为"回声定位"。但是，在茂密的森林中等超声波难以反射的区域，就要依赖听觉了。另外，过于接近人类世界的话，也会把自然界中没有的东西误解为自然界的东西。例如，有研究发现，蝙蝠会将水平放置的玻璃板误以为是水面而去舔舐。

资料

分布地点	**极地以外的全世界**
体　　长	**2.9 厘米 ~1.5 米**
食　　物	**花蜜、花粉、昆虫、鱼类等（不同的种类食性也不同）**
分　　类	**哺乳类**

兰花螳螂
变身花朵的魔法

🐧 "兰花螳螂小姐看起来就像花儿一样，好漂亮啊！"

"当猎物误以为我们是花朵而靠近时，就很容易将其捕获了。"

🐧 "小春还以为你们是因为追求时尚而改变了颜色呢。"

兰花螳螂别名"兰螳螂""花螳螂"。伪装成花是拟态的一种，这也是进化的结果。但是，只有雌性的身体会变得像兰花一样鲜艳。雄性只有雌性约一半大小，颜色是白色的，看起来很朴素。

资料	
分布地点	印度、泰国、苏门答腊岛、爪哇岛、加里曼丹岛、马来半岛等东南亚地区，以及非洲大陆
体　长	雌 6~7 厘米，雄 2.5 厘米
食　物	蟋蟀等昆虫
分　类	昆虫类

现在企小弟的身体也是祖先们智慧的结晶吧。

咦？小春在哪呢？

82

"这是兰花螳螂能够生存下来的智慧。"

"好厉害的魔法啊！"

"能做到这件事，都是托了祖先的福。很久以前，有一只身体颜色类似粉色的螳螂。**那只螳螂比其他同类能捕获更多的猎物，也很难被敌人发现。**它和它的后代变得更容易生存了。"

"原来是这样啊！"

"我是那只粉色螳螂很多很多年以后的子孙。多亏了祖先，我才拥有这种颜色。"

"拥有漂亮的外表竟然要花那么长的时间，我等不及了！"

将身体伪装成花朵。

好美丽的衣服啊。

天竺鲷在海里
"喷火"的魔法

"嘿，可以面向企小弟喷火吗？"

"我不会喷火哦。"

"企小弟曾在照片上见过你们喷出了闪闪发光的像光焰一样的东西。"

我也试试在肚子里养海萤。

海萤有"发光"的特质，当它们受到敌人刺激时会为了威吓对方而发光，也是告知同伴有危险的信号。海萤分泌的发光物质（荧光素）通过发光酶（荧光素酶）与海中的氧反应而发光。鹦天竺鲷的身体是半透明的，当吞下海萤以后，天竺鲷腹部就会发出青白色的光。

资料	
分布地点	**印度洋和大西洋的热带海域**
体　　长	**20 厘米左右**
食　　物	**虾、螃蟹、鱼卵、小鱼**
分　　类	**鱼类**

"原来你说的是这个，那是我吐出来的食物。"

"啊？你们吃了腐败的东西吗？"

"不是，**这是因为天竺鲷吞了闪闪发光的海萤，它们在我的胃里发光，因此我的肚子会变得闪闪发亮。但是这样在海里太显眼，很容易被敌人发现，所以我们会慌忙吐出来。**"

"吃完食物后身体会发光，太酷了。"

"要是不吐的话就会被吃掉，所以也不是一件很酷的事。"

"原来如此。"

危险！

这顿饭会发光。

非洲鸵鸟
千里眼的魔法

"喂，是谁站到我的身上了？"

"我是帝企鹅企小弟。"

"我是鸵鸟。"

"鸵鸟先生，听说 40 米以外爬行的蚂蚁，你都能看得清清楚楚？"

"是的，如果视力不好的话，就不能从敌人的嘴里逃脱，也不能捕获猎物。"

"我也想看得足够远。"

"让眼睛足够大就行。**鸵鸟单个眼球的直径就有 5 厘米，重 60 克，双眼总重约 120 克。但是，我的脑子只有 40 克。因为眼睛比脑子还大，所以，虽然可以保护自己，但是很多事情一下子就会忘记。**"

"真羡慕你的千里眼！我的眼球如果变大的话，视力也会变好吧？"

"可能会吧。不过，你是谁啊？"

"哇！这么快你就忘了，我是企小弟啊。"

好嘞，这就想办法让自己眼睛变大。

不知道能不能看到南极。

能看到就好了。

鸵鸟被认为是动物中视力最好的——有说法认为它能分辨 10 千米以外的东西。视力好是因为它有直径 5 厘米、重 60 克的眼睛（每只），并且眼球很大（人眼的直径约 2.5 厘米，重约 7 克）。对于人类来说，视力 2.0 就很好了，根据这个标准，鸵鸟的视力估计能达到 25。因为栖息地有猎豹和狮子等动物，如果视力不好就无法生存。

资 料	
分布地点	非洲
体 长	1.8 米以上
食 物	草叶、草根、种子、芽、昆虫、蜥蜴等小动物
分 类	鸟类

海龟
超长时间屏息的魔法

"听说在 15℃ 的海水中，海龟先生能潜水 6 小时，是企鹅用时的 12 倍，请问是使用了什么魔法呢？"

"这是因为海龟可以节约氧气的使用量。在 28.5℃ 的海里休息时，海

我担心你没有
呼吸，所以心
跳得很厉害。

龟 1 分钟氧气的用量只有 0.7 毫升，即使在活动的状态下，1 分钟的氧气用量也不超过 1 毫升。和其他动物相比，人类、宽吻海豚、帝企鹅 1 分钟氧气消耗量都在 10 毫升以上。所以，海龟比这些动物能够节约 10 倍以上的氧气用量。氧气对于用肺呼吸的潜水动物来说，就像汽油之于汽车。我就像一辆安装了非常省油的引擎的汽车。"

"那你有什么节约氧气的小窍门吗？"

"海龟是冷血动物，通过外界环境保持体温，所以氧气的使用量减少也没问题。此外，海龟心脏的跳动频率也很低，在水面上心脏跳动的频率是 20 次 / 分，在水下时心脏跳动的频率只有 5 次 / 分。"

资料

分布地点	寒带以外的全球海洋中
体　　长	60 厘米 ~2 米
食　　物	贝类等软体动物、寄居蟹等节肢动物，以及海草、海藻、海绵、水母、甲壳类等
分　　类	爬行类

心脏跳动的频率自己无法改变啊。

和人类一样，海龟是用肺呼吸的。为了呼吸，海龟需要随时游到海面上。在常温下，海龟可潜水 40 ~ 60 分钟，在冷水中最长可潜水 10 小时。在用肺呼吸的潜水动物中，海龟属于低消耗的"潜水员"，这是因为它们氧气消耗速度慢，心跳频率低。企鹅之所以能长时间潜水，是因为它们能暂时降低腹部的体温。

北象海豹
旋转睡眠的魔法

🐧 "北象海豹小姐，我听说你每年会有长达 8 个月的时间不返回陆地，而是一直待在海里生活？"

"这是为了搜寻食物。"

🐧 "这段时间在海里不睡觉吗？"

"实际上，北象海豹会在天敌比较少的海里一边潜水一边睡觉。在大约深 150 米的海里，北象海豹会头朝下，同时身体慢慢旋转着睡觉。"

🐧 "原来也会睡觉，不过，慢慢地旋转身体可以休息好吗？"

"虽然想像平时一样在水面上休息，但在水面附近，像噬人鲨一样的天敌有很多。"

🐧 "好可怕！不过，如果睡着了，你知道自己身处何处吗？"

"北象海豹可以感知地球的磁场，能立刻知道自己所在的方位和角度，所以可以准确地找到方向。"

资料

分布地点	**北太平洋**
体　　长	**2.2~2.4 米**
食　　物	**鱼类和头足类，包括鱿鱼、八爪鱼、小型鲨鱼、深海鱼**
分　　类	**哺乳类**

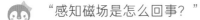

"感知磁场是怎么回事？"

"就像在你的身体里嵌入了指南针一样。"

树叶之舞

北象海豹在 2 ~ 8 个月的回游中，是如何休息的呢？这个问题的答案是通过安装 3D 数据记录器（能观察水中运动的记录仪）弄清楚的。在没有敌人的海水深度中，北象海豹以仰面的状态潜水，开始休息。北象海豹在减少了肺中空气的状态下开始潜水，一旦利用水压压缩了肺部的空气，它们就会下沉。

一边旋转一边睡觉，总觉得有点像树叶啊。

壁虎
飞檐走壁的魔法

"壁虎先生能贴在墙面上飞檐走壁，是用了吸盘或糨糊吗？"

"这是因为壁虎脚趾的底部长满了细毛，一根脚趾上有650万根细毛。而且，细毛的前端还有分支。"

"长满细毛就能贴墙而行了吗？"

"墙壁的表面虽然看起来是平的，但在显微镜下看却是凹凸不平的。**细毛和凹凸的位置紧紧贴合的话，我们就可以贴在墙上了。"**

"原来是脚趾上的细毛和墙壁紧密贴合啊！"

"不过，必须是非常细的毛才管用哦。"

"需要多细呢？"

"我们细毛前端的分支细度可达纳米级。"

"难怪我没看到呢。"

资料	
分布地点	位于温带、亚热带和热带地区的所有大陆
体　　长	1.6~42 厘米
食　　物	昆虫（蟋蟀、蝗虫、蛾子等）、蜘蛛
分　　类	爬行类

壁虎的黏附结构在 2000 年左右被人们弄清了。微尺寸的细毛密集地分布在脚趾底端，前端分支是纳米尺寸的超细毛。壁虎这样的构造利用了范德华力（在原子和分子之间的引力），原理是某个原子中的电子会产生磁场，通过磁场刺激能吸引相邻原子中的电子。这种结构也被应用于黏结胶带。

能在墙上行走，很方便哦。

如果墙壁上有很多凹凸不平的地方，我也可以抓住一点点了。

都爬那么高了？

吉丁虫拥有
彩虹色的魔法

"像彩虹一样漂亮的吉丁虫先生，企小弟也想变得像你一样。"

"可是企小弟身上长了羽毛，这就比较难办了。"

"为什么呀？"

好像南极的极光啊。

"吉丁虫其实是为了不想被敌人找到，才让身体颜色看上去能不停变化一样。秘密就是吉丁虫的身体很特别，翅膀原本的颜色其实是绿色，但是从不同的角度看过去却像是闪着红色、黄色

吉丁虫的颜色被称为"结构色"，当光线照射到身上时，会反射出鲜艳的色彩。吉丁虫以幼虫的形态生存3年，但成虫的寿命只有1个月。为了成年后拼尽全力躲避讨厌的鸟类天敌，吉丁虫不得不进化出彩虹色的外表。

资料

分布地点	亚欧大陆及北非的森林
体　　长	1~8厘米
食　　物	成虫吃朴树叶，幼虫会在柿子树、樱树、朴树的树干内部一边吃一边前进
分　　类	昆虫类

的光。这是因为我叠加了20层透明的薄层。如果不用电子显微镜观察，根本发现不了呢。"

"企小弟要是穿多层彩色披风的话，会不会拥有彩虹色的外表呢？"

"可能会吧。不过，不要在黑暗的地方待着，明亮的光线是关键。"

为了安全，让身体的颜色看起来会变化。

到底要穿上多少层才能变得闪闪发亮呢？

不可思议！

鹩哥会
摸仿的魔法

"鹩哥先生的声音听起来像人类，是因为拥有和人类一样的嗓子吗？"

"不是哦。**我没有人类发声用的声带，取而代之的是鸣管这样的振动部件。鸣管和声带在不同的位置，声带在气管上方的喉咙里，而鸣管则在气管下方。**"

"与其说是用喉咙发声，不如说是用胸来发声。"

"是的，和人类有很大区别。我的鸣管到喙的距离和人类小孩发声时，声带到嘴巴的距离几乎相同。所以声音听起来有些相似。"

有时会模仿虫子的叫声把它引诱过来。

鹩哥曾作为制作人工咽喉的原型，它能够模仿人的声音，这是拟态的一种。不是像鹦鹉那样用舌头发音，鹩哥用鸣管发音。它的音高与人的音高相似。另外，因为可以模仿人的语调和节奏，所以听起来非常像人在说话。

资料

分布地点	印度、印度尼西亚、柬埔寨、泰国、中国、尼泊尔、菲律宾、不丹、文莱、越南、马来西亚、缅甸、老挝、波多黎各等
体　　长	30~40 厘米
食　　物	果实和昆虫等
分　　类	鸟类

"果然挺像呢。"

"不过，不好好练习的话也是不行的。出生之后的半年内，我们就要进行特训，特别是一些比较难的发音。"

首先从外表开始模仿。

首先从外表开始模仿。

蜂鸟
在空中悬浮的魔法

"蜂鸟先生看起来总是能悬浮在空中。"

"虽说是悬在空中，**实际上和其他鸟类一样在拍打翅膀。竖起耳朵听的话，就能听到嗡嗡的声音。**"

"原来不是悬浮的魔法？！"

首先扇翅膀 1 000 次。

"其实我们在努力地扇动翅膀，**一秒之内可以扇动翅膀 55 次。**"

"这样很容易疲劳啊。"

"是的，**但是蜂鸟必须快速扇动翅膀。我们胸部的肌肉占体重的 30%，而且相当紧实。此外，在高速飞行期间，蜂鸟心脏跳动频率能够达到 1 260 次 / 分钟，消耗的氧气大约是人类体育运动选手氧气消耗量的 10 倍。**"

"原来娇小的身躯藏着这么惊人的能量！"

"对。我们蜂鸟还是大胃王，每天需要吃很多食物。体重虽然只有 2~20 克，但一天之内需要吃掉约是体重 2 倍的食物。"

"为了不停地扇动翅膀，做了许多别人看不见的努力，真值得大家尊敬。"

资料

分布地点	分布于拉丁美洲，北至北美洲南部，并沿太平洋东岸达阿拉斯加
体　长	5~24 厘米
食　物	花蜜和昆虫等
分　类	鸟类

首先尝试在 1 分钟之内扇翅膀 1 000 次。

喔喔！

蜂鸟是体形最小的鸟类。它们代谢能力强，氧气消耗量大，因此，必须多吃食物。蜂鸟也是因健康长寿被大家所熟知的，在人工饲养下，也有记录已经活了 17 年的蜂鸟。蜂鸟在静止状态下心跳频率为 1 分钟 500 次。它一生的总心跳数为 45 亿次，大约是 70 岁人的两倍。

海豚
精神感应的魔法

🐧 "听说海豚能在敌人找不到的情况下互相之间说悄悄话。"

"嗯，这是为了不让可怕的虎鲸发现。"

🐧 "哇，这是精神感应吗？"

"不是的。不过需要'瓜'，这对企小弟来说有些困难吧？"

🐧 "瓜？我这就去水果店买。"

"哈哈！是看起来像瓜的东西，其实是**海豚脑袋上圆墩墩的部位——额隆，那里填满了脂肪，柔软且有弹性。海豚把通信的超声波全部集中在额隆，再发射出去。**"

> 海豚通过发出超声波，接收其弹回来的信息来确定猎物的位置，并和同伴进行交流。人类模仿海豚的这一功能开发了探查潜艇的声呐，还可以进行非破坏性检查、医疗诊断、鱼群探知等。

资料

分布地点	全世界海洋、河流、淡水、微咸水等
体　　长	1.3~4 米
食　　物	鱼类（太平洋鲱、飞鱼、澳洲鲭、红金眼鲷、海鳝等）、甲壳类（虾）、软体动物（章鱼、鱿鱼等）
分　　类	哺乳类

咦？小春也能
使用精神感应？

"如何进行接收呢？"

"海豚用下颌接收超声波撞上物体之后反弹回来的信息，再通过耳朵里的骨头进行感知。"

"超声波啊，蝙蝠先生说它也用这个魔法。"

"嗯，是同一回事。与其说是眼睛，不如说我们更依赖耳朵来获取信息。"

企小弟，你是在想"海豚们正在说什么"对吧！

总之，先把"瓜"放在头上，感受海豚的魔法。嘿嘿！

鲑鱼长途迁徙也不会迷路的魔法

 "鲑鱼小姐，你成年的时候，会去遥远的大海里。而到了产卵季节，又会重新回到出生的河流中，对吗？从遥远的海里回到故乡，是如何做到不迷路地返回呢？"

"出海的时候，鲑鱼会感知地球的磁场，从而知道自己的方位。"

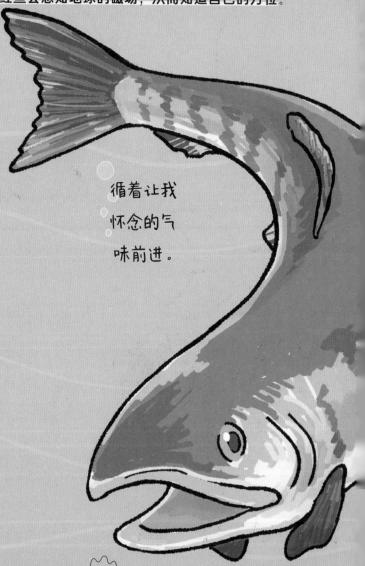

循着让我怀念的气味前进。

试着拿着方位磁针吧。啊，我不知道怎么看……

"和北象海豹一样啊，就像体内有指南针吗？"

"不仅如此。**鲑鱼一开始是借助磁场返回到故乡附近的。当识别河流时，就需要闻气味了。**"

"看来鲑鱼小姐的鼻子很灵敏呢！"

"是人类气味感知能力的 100 万倍。此外，太阳的方位、水温、洋流的流向等都是线索。"

"返回家乡的最远纪录是多少？"

"有的同伴为了返回故乡，在两个月的时间内游了近 3000 千米呢。"

关于鲑鱼回归母亲河的理由有多种说法，嗅觉、地球磁场、日出和日落时太阳的角度，以及记录到达海洋的时间和感知洋流方向等。另外，海龟作为返回出生地的生物也很有名（其机制也同样未解）。

企小弟也能做到哦。

资料	
分布地点	北太平洋、日本海、白令海、鄂霍次克海、阿拉斯加湾全域、北冰洋部分海域
体　长	60 厘米~1 米
食　物	幼鱼、小型鱼类、头足类（乌贼）、浮游动物（磷虾类、端足类）、腹足类、水母等
分　类	鱼类

海星可以
随意变化的魔法

"我听说海星先生无论身体怎么被束缚都能逃跑。请问，这是什么魔法呢？"

"这种魔法对企小弟来说会特别痛。"

"啊？为什么？"

"在海星腕足里排列着许多大约只有1毫米大小的各种形状的骨头，这些骨头实际上构成了关节，所以我们的腕足可以多角度自由弯曲。"

"哇！好厉害！"

如果去掉关节，企小弟会变得软趴趴的，能像海星一样自由弯曲吗？

海星的身体是由很多骨片通过肌肉和结缔组织连接而成的，因此，海星可以按照自己的想法改变关节。

资料	
分布地点	**全球的海洋中**
体　　长	**半径（海星中心点至腕足的末端）2 毫米 ~68 厘米**
食　　物	**贝类、珊瑚、海绵、海葵、甲壳类、海胆、蛇尾类、鱼类、海藻、鱼类及哺乳动物的尸体、浮游生物**
分　　类	**棘皮动物**

"不仅如此，把关节和关节连接起来的部位变柔软，腕足则既能够伸展也能收缩。所以，无论怎么被束缚，只要改变腕足的形状，海星就能迅速脱身。"

"听起来好像确实很痛……"

"是的，海星的身体很特别。而且，**大部分海星即使有一部分身体没有了，只要还留有中心部分和腕足，也能再生并且恢复成原来的样子。**"

这种程度还是很轻松的。

对我来说，太难了！

美西钝口螈
"永葆青春"的魔法

"美西钝口螈先生，听说你永远不会变老，这是真的吗？"

"不是这样的，我们的年龄是会增长的哦。到了合适的年龄，如果有伴侣，也会繁衍后代，只是我的外表看起来还很年轻。"

别看我这样，
实际上我有
15岁了。

啊，居然快是
成年人了。

我是企小弟，
现在两个月。

"为什么要用这样的魔法呢？"

"事实上，我们从出生到长大，都会一直保持幼体的状态。另外，美西钝口螈还有神奇的自愈能力。当我们的身体受到伤害时，受损部位能快速再生，包括肢体、大脑等部位。"

"你一直都是幼体状态，你的同伴们也都是这样的吗？"

"也有很早就成年的同伴，不知道为什么很早就死了，所以大家也就宁愿保持小孩子一样的外表。在野生环境下，我们可以存活15年以上。"

资　料	
分布地点	**墨西哥城附近的霍奇米尔科湖及周边水域**
体　　长	**10~30 厘米**
食　　物	**软体动物、鱼类、幼虫、甲壳类、蚯蚓等**
分　　类	**两栖类**

因为可以"永葆青春"，所以故意保持小孩子的样子。

美西钝口螈会一直保留幼体形态。两栖类动物通常在幼时用鳃呼吸，长大后变态用肺呼吸，但美西钝口螈不会变态。另外，也有人认为美西钝口螈只有在幼体状态，才能发挥惊人的再生能力，这种再生能力超越了其他生物再生部分身体的能力，因为它们甚至可以重新生成大脑和脊髓。

射炮步甲放
100℃屁的魔法

🐧 "听说射炮步甲先生会放100℃的滚烫的屁？"

"你要闻一闻吗？"

🐧 "闻味就算了，请告诉我你的秘密吧，是在肚子里存着100℃的屁吗？"

"不是的。**射炮步甲有两个存放着特殊液体的腺体，通过自身在极短瞬间将两者混合就能制造100℃的屁了。**"

🐧 "就像在肚子里有个小实验室？"

射炮步甲的肚子里有两个腺体分别装有对醌类和过氧化氢。当射炮步甲被敌人袭击的时候，会将腹部末端这两种物质混合，产生100℃的气体，就像屁一样喷出。当射炮步甲被抓住时，可以听到"噗"的声音。如果气体喷到人类的皮肤上，皮肤会变成茶色，至少一个月以后才会褪色。如果射炮步甲被两栖类动物吃了，在消化管道中的射炮步甲也能暂时生存。

噗！

资料

分布地点	亚洲和非洲
体　　长	11~18毫米
食　　物	蛾子的幼虫、小昆虫、小动物尸体
分　　类	昆虫类

"是的。所以即使被敌人吞下，只要放屁，敌人也能把我们给吐出来。被青蛙吃下去的射炮步甲，超过 40% 能被吐出来，从而存活下来。"

"但是，放屁的瞬间，自己的肚子不会被烫伤吗？"

"屁是在瞬间往外喷的。另外，身体里面生成屁的器官足够结实，身体是不会被烫着的。"

呀！

如果拜托博士，他能不能帮我做一个同样的装置呢？

猫头鹰
瞬间变瘦的魔法

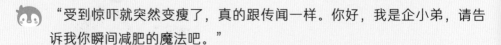

"嘿！猫头鹰先生。"

"你是谁啊？"

"受到惊吓就突然变瘦了，真的跟传闻一样。你好，我是企小弟，请告诉我你瞬间减肥的魔法吧。"

"当猫头鹰第一次见到某个新东西，或者受到惊吓的时候，就会一下子变瘦。因为我觉得那样很难被发现，毕竟棕褐色的身体看起来像树枝。"

"你是如何把身体瞬间变瘦的？"

"非常简单。把脖子瞬间往上一伸，然后收起翅膀就可以了。若再把瘦了的身体转半圈，看起来应该会更瘦。"

企鹅有脖子吗？

猫头鹰一旦警戒就会瞬间变瘦，这是伪装成树枝的拟态的一步。如果在树上停留时变瘦，看上去确实会像树枝而不易被发现。根据种类不同，会选择不同的变换体形的方式。特别的是白面鸮，当它被威胁的时候会变得更大。对于动物来说，根据心情来改变身体的大小，是警觉的表现。

资 料	
分布地点	**南极大陆以外的地方**
体 长	**15~75 厘米（最小的铁质侏儒猫头鹰 ~ 最大的雕鸮）**
食 物	**哺乳类（老鼠、鼹鼠、兔子、松鼠、鼯鼠等）、鸟类、两栖类、爬行类（蜥蜴）、昆虫（独角仙、蝉）**
分 类	**鸟类**

"企小弟的脖子似乎不能向上伸呢……顺便问一下，变瘦有什么感觉？有想要向大家炫耀自己苗条身材的感觉吗？"

"不是那样的。我们的内心其实是在祈祷不要被发现啊！"

"放心吧，企小弟会守护你的。"

脖子往上伸的话，
看上去就变瘦了。

减肥的道路实在是……

太难了。

灯眼鱼
眼睛发光的魔法

"为什么灯眼鱼眼睛下方会发光呢，是化了妆吗？"

"实际上，**我的眼睛下方有一个像小袋子的部位，里面住了许多发光细菌。**"

"咦，闪闪发光的好朋友住在你的脸上？你们的关系真好。"

"是的，我们已经分不开了。虽然被限制在我的身体里，但这些细菌再也不用担心被谁吃掉了，所以它们也很感谢我。"

发光细菌共生在灯眼鱼眼睛下面蚕豆形状的发光器内。因此，灯眼鱼可以发出带绿色的强光。发光器里闪烁的光用于求偶和交流。通过发光，即使在夜间灯眼鱼也能成群结队地出行。但是，对于外界光线的刺激，灯眼鱼的承受力非常弱，在明亮的水槽里饲养灯眼鱼，它们就不会发光了，甚至还会死亡。

资 料	
分布地点	**冲绳以南的中西部太平洋**
体　　长	**约 30 厘米**
食　　物	**樱花虾、饭岛准异糠虾等**
分　　类	**鱼类**

听说超市卖的鱿鱼也有发光细菌。

"你们给了这些闪闪发亮的朋友们一个安全的家。"

"作为交换，发光细菌为灯眼鱼提供了很大帮助，让我们可以和同伴进行交流，还能更容易地看清楚食物。"

"企小弟也想试试养一些发光细菌。这样我也可以更容易地找到食物，就能美美地吃上一顿啦。"

"应该没问题！"

试试培养发光细菌。

海獭
不怕冷的魔法

"海獭先生和人类一样都属于哺乳动物，但是，为什么海獭能长时间待在冰冷的海水里呢？"

"我吃的食物很快会被转化为热量，并用来维持体温，所以海獭其实是大胃王哦。我们每天必须吃掉自身体重 20%~25% 的食物。"

海獭拥有最高密度的毛。全身能有 8 亿根毛发（人的头发大约是 10 万根）！在刚毛这种长毛下面还长着绒毛这样的细毛。也有人认为每根刚毛下对应长有 12 ~ 108 根绒毛。不同种类的毛之间形成的空气层是保持温暖的秘密。与其他海洋哺乳动物不同，由于没有脂肪层，所以海獭的毛发很发达。

我的羽毛根数增加的话，我会不会感觉更暖和？

爸爸也说过打理毛发很重要。

114

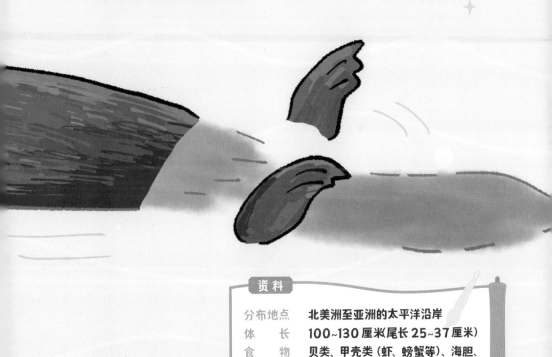

"企小弟也能模仿这个能力！"

"不仅如此。**我的体毛在地球上的动物之中是最密实的，1平方厘米内的体毛的数量是 2.6 万 ~16.5 万根，而且还分为上下两层。**由于有防水效果超好的外层毛，内层毛就不容易被打湿，从而可以隔绝冷空气维持体温。"

"居然有两种毛啊！"

"嗯，是的。但是，如果毛弄脏了保温效果会变弱，所以必须好好保养。我们一天要花几小时用前脚的爪子打理毛发。"

无论什么事情，锲而不
舍地坚持是很重要的。

资料	
分布地点	北美洲至亚洲的太平洋沿岸
体　长	100~130厘米尾长25~37厘米)
食　物	贝类、甲壳类（虾、螃蟹等）、海胆、鱼类、海藻、头足类（鱿鱼等）
分　类	哺乳类

屎壳郎不看前方就能走路的魔法

"屎壳郎先生，你在搬什么呢？"

"这是我拉到的大粪哦。"

"这么大的一团，你还能看清前进的道路的吗？"

"用身体感受风，看看太阳、月亮和银河的光，就知道该往哪边走。企小弟是帝企鹅吧？长大后你就会明白了。"

成年帝企鹅除了利用太阳和月亮，通过感受风也能辨认道路呢。

屎壳郎发现了动物的粪便后，会把一部分做成球，滚到远离同伴的安全场所，然后在那里吃掉。在道路前进的时候，夜行性的屎壳郎会根据月亮的偏振光（人的肉眼看不见）和银河发出的光来辨别方向；昼行性的屎壳郎以太阳为目标前进，通过感受风来辨别方位。也就是说，最有力的说法是根据实际情况来灵活使用多种手段。

资料

分布地点	海洋和南极以外的所有地区
体　长	5毫米~40厘米
食　物	动物粪便
分　类	昆虫类

"是吗？企小弟在陌生的地方独自行走的话会十分害怕。"

"当你长大后会在身体里形成能够辨别方向的生物指南针，还会有其他各种各样的辨别方向的方法。现在随身携带指南针就可以了。"

"那你为什么要倒立搬运呢？不会累吗？"

"我喜欢这个姿势！快让让路，我不想被别人看到我快速搬运的样子。"

就算知道也不好操作。

不一定非要倒立吧？

白额鹱

守时的魔法

"白额鹱（hù）先生，听闻您总是非常守时，是吗？"

"是的。找食物的时候，我们会途径不同的海域，但总是在太阳下山后3个小时之内回家。因为天还亮着的时候，乌鸦之类的敌人很可怕。"

> 我是因为看到好吃的东西就走不动，所以回家就会晚。

我的肚子好像
也是这么说的。

东京大学大气海洋研究所在 21 只白额鹱身上安装了小型 GPS，发现每一个个体都以约 35 千米 / 时的速度飞行，不会根据移动的距离来改变速度。人在快要迟到的时候会跑步调节速度，而白额鹱不会采取这样的行动。也就是说，它会准确把握距离和所需时间。

资料

分布地点	日本、太平洋西部、南亚、澳大利亚近海
体　长	50 厘米左右
食　物	鱼类、鱿鱼等软体动物
分　类	鸟类

"但是，你是从不同的地方回来的，如何能做到那么守时呢？"

"很简单。**从相隔 100 千米的大海回来的时候，在日落的 3 小时前向家出发。从相隔 400 千米的大海回来的时候，在日落 12 小时前出发。白额鹱会根据距离的长短改变出发时间。**"

"哇，虽然博士也和我说过倒推时间的办法，但我似乎很难做到。"

"嗯……**是不是还要考虑去程拍翅膀的次数和身体疲倦的程度呢？**"

差不多到晚饭的时间了。

自我介绍

企小弟

梦想飞上天空的企鹅

贪睡的企小弟是一只出生在南极的帝企鹅幼崽，目前两个月龄。他虽然天生看起来有些憨憨的，但是不管做什么都很努力。他的梦想是"在空中自由飞翔!"，各种甜食他都很喜欢。

小春

企小弟的青梅竹马

小春比企小弟晚一步成为企鹅飞机制作所的特别工作人员。她很细心，总是担心粗心大意的企小弟。在企小弟的影响下，小春的目标是吃遍各种甜食。

企 鹅 飞 机 制 作 所
penguin airplane factory

善于发现身边的美好细节，秉持着"让生活中的不便变成快乐"的宗旨，企鹅飞机制作所热衷于为大家传递幸福。

企鹅飞机制作所以两只帝企鹅幼崽企小弟（Penta）和小春（Koharu）为 IP 形象，制作了科普图书、科普漫画、周边玩偶等诸多产品，受到广泛的关注与喜爱。

佐藤克文　　监修

京都大学农学研究专业博士，东京大学大气海洋研究所教授。曾经担任日本学术振兴会特别研究员、日本国立极地研究所助手。

主要研究动物行为学、动物生理生态学等。佐藤克文在自然观察领域非常活跃，主要通过在动物身体上安装小型装置，详细调查研究动物的行为和生态。

版权贸易合同登记号 图字：01-2021-6006

图书在版编目（CIP）数据

不遗憾的进化. 你好！我的超能力 / 日本企鹅飞机制作
所著；郭昱译. -- 北京：电子工业出版社，2022.1
ISBN 978-7-121-38019-8

Ⅰ.①不… Ⅱ.①日… ②郭… Ⅲ.①动物—进化—
少儿读物 Ⅳ.①Q951-49

中国版本图书馆CIP数据核字 (2021) 第251980号

责任编辑：董子晔　　特约编辑：刘红涛
印　　刷：中国电影出版社印刷厂
装　　订：中国电影出版社印刷厂
出版发行：电子工业出版社
　　　　　北京市海淀区万寿路173信箱　　邮编：100036
开　　本：787×1092 1/16　　印张：16　字数：101.20千字
版　　次：2022年1月第1版
印　　次：2022年1月第1次印刷
定　　价：108.00元（全2册）